心 向 海 南

海南省旅游和文化广电体育厅　海南省气象局　　编著

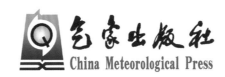

气象出版社

China Meteorological Press

图书在版编目 (CIP) 数据

天公作美 心向海南 / 海南省旅游和文化广电体育厅 , 海南省气象局编著
. -- 北京 : 气象出版社 , 2020.6
ISBN 978-7-5029-7173-1

Ⅰ. ①天... Ⅱ. ①海... ②海... Ⅲ. ①地方旅游业 —
气象服务 — 海南 — 图集 Ⅳ. ①P451-64

中国版本图书馆 CIP 数据核字 (2020) 第 020444 号
审图号：GS(2020)1971 号

天公作美 心向海南
Tiangong Zuomei Xinxiang Hainan

海南省旅游和文化广电体育厅 海南省气象局 编著

出版发行：气象出版社

地　　址：北京市海淀区中关村南大街 46 号　邮政编码：100081

电　　话：010-68407112（总编室）　010-68408042 （发行部）

网　　址：http://www.qxcbs.com　　　　E-mail: qxcbs@cma.gov.cn

责任编辑：邵　华 柴　霞　　　　　　　终　　审：吴晓鹏

责任校对：王丽梅　　　　　　　　　　　责任技编：赵相宁

设　　计：易普锐(北京)文化创意有限公司

印　　刷：北京地大彩印有限公司

开　　本：889mm×1194mm　1/12　　　印　　张：16.5

字　　数：260 千字

版　　次：2020 年 6 月第 1 版　　　　　印　　次：2020 年 6 月第 1 次印刷

定　　价：368.00 元

FOREWORD
前 言

在碧波万顷的南中国海上，闪耀着一颗璀璨的明珠。她，就是享誉世界的国际旅游岛——海南。

辽阔广袤的天空、清澈湛蓝的海水、柔软洁净的沙滩、树影婆娑的椰林、奇特多姿的地貌、古老神秘的热带雨林、凝固时光的远古火山、数不胜数的珍馐美味、山海相连的人文盛境……这是一片被上天格外眷顾的热土，凭借旖旎的自然风光、独特的气候条件成为吸引全世界游客的旅游胜地。

千变万化的气象，更迭轮转的时序，造就了海南这片"天公作美"之地，独特的气象条件形成了海南独特的旅游资源。在长期的工作实践中，我们深刻认识到旅游与气象的辨证关系，气候条件是旅游资源形成和变迁的重要驱动，气候舒适程度也成为影响客流量季节变化、旅游淡旺季分配与长短的关键因素之一。本书创新性地将旅游产业与气象行业深度融合，通过大量详实的气象数据挖掘和生动易懂的气象图表分析，全面集成海南天气气候历史大数据以及灾害天气变化趋势的研究成果，为深度了解海南旅游资源提供了全新视角。在展现海南丰富的景观资源、文化资源和历史资源的同时，本书还从气象科学的角度解读海南，为广大国内外游客提供准确可靠的旅游气象服务指南，为打造一个全域旅游、全季旅游的"国际旅游岛""健康岛"提供数据实证和科学依据。

天公作美，心向海南。

海南，带着荣光从历史中健步走来，正加速推进"三区一中心"建设，将在今天的世界舞台上散发出夺目的光彩；未来，更将在建设海南自由贸易港的国家战略中，在"一带一路"的倡议中诠释奇迹。作为驶向广袤太平洋的第一站，站在对外开放新高地的海南，定将勇立潮头、聚力起航、击楫争先、砥砺前行，谱写美丽中国的海南篇章。

南中国海上璀璨的开放之岛、绿色之岛、文明之岛、和谐之岛，世界一流的海岛休闲度假旅游胜地——海南，欢迎您！

《天公作美 心向海南》 编委会

全省陆地面积

3.54万 km²

海洋面积约

200万 km²

占全国海洋面积的

60%

全年旅游人数超

7000万

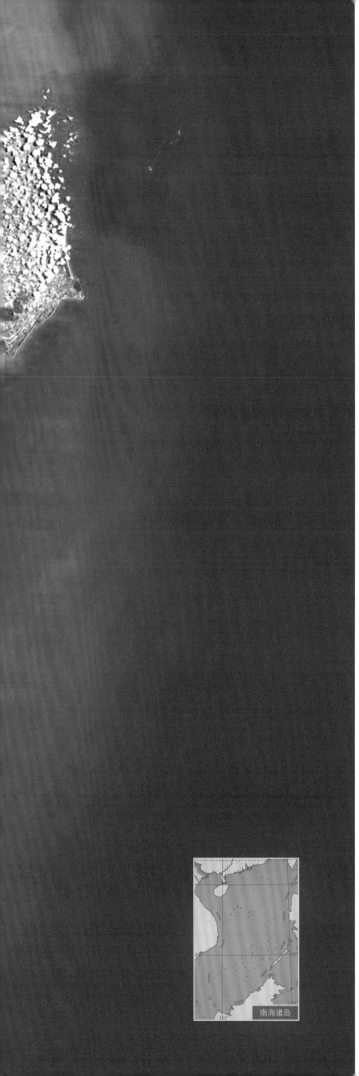

在中国改革开放 40 周年、海南建省办经济特区 30 周年之时，党中央决定支持海南全岛建设自由贸易试验区，并确定了海南四大战略定位，其中包括国际旅游消费中心，旨在打造一个"旅游国际化程度高、生态环境优美、文化魅力独特、社会文明祥和的世界一流的海岛型国际旅游目的地"。

2020 年 6 月 1 日，中共中央、国务院印发《海南自由贸易港建设总体方案》，标志着这一重大战略进入全面实施阶段。总体方案提出构建现代产业体系，特别强调要突出海南的优势和特色，大力发展旅游业、现代服务业和高新技术产业，实现贸易自由便利、投资自由便利、跨境资金流动自由便利、人员进出自由便利、运输来往自由便利和数据安全有序流动。

海南省位于中国最南端，行政区域包括海南岛、西沙群岛、中沙群岛、南沙群岛的岛礁及其海域，陆地面积 3.54 万平方千米，海洋面积约 200 万平方千米，占全国海洋面积的 60%，是我国陆地面积最小、海洋面积最大的热带海洋岛屿省份。

这里风光旖旎的椰林沙滩、阳光明媚的黄金海岸、郁郁葱葱的热带雨林、琳琅满目的海陆物产、别具一格的民俗风情，构成了海南独具特色的热带滨海观光休闲旅游资源。

"阴晴雨雪各不同，风云霜雾皆入景"。气候条件是旅游资源形成和变迁的重要驱动因素，天气气候也成为影响游客旅游动机、旅游时机、旅游安全、旅游感受、旅游目的地选择的决定性因素之一。

海南地处热带，属热带海洋性季风气候，阳光充足，长夏无冬，雨水丰沛。这里气温日较差小，紫外线强、湿度大，台风、暴雨以及由此衍生的自然灾害发生频率高、影响大。天气气候对海南旅游业的发展既带来了机遇，也产生了不少不利影响。

为更好适应海南新一轮全面深化改革开放的新形势，全力建设"海南国际自由贸易旅游岛"，海南气象、旅游等部门联合协作，深度共享、融合行业数据，深入挖掘天气气候与旅游大数据，为科学利用海南独特气候资源，打造全域旅游、全季旅游的"国际高端旅游消费区"提供科学的参考依据。

一路胜境　尽收眼底

大海，心情恣意奔放的舞台

沙滩云间，心灵宁静祥和的归所

CONTENTS 目录

PART

PART

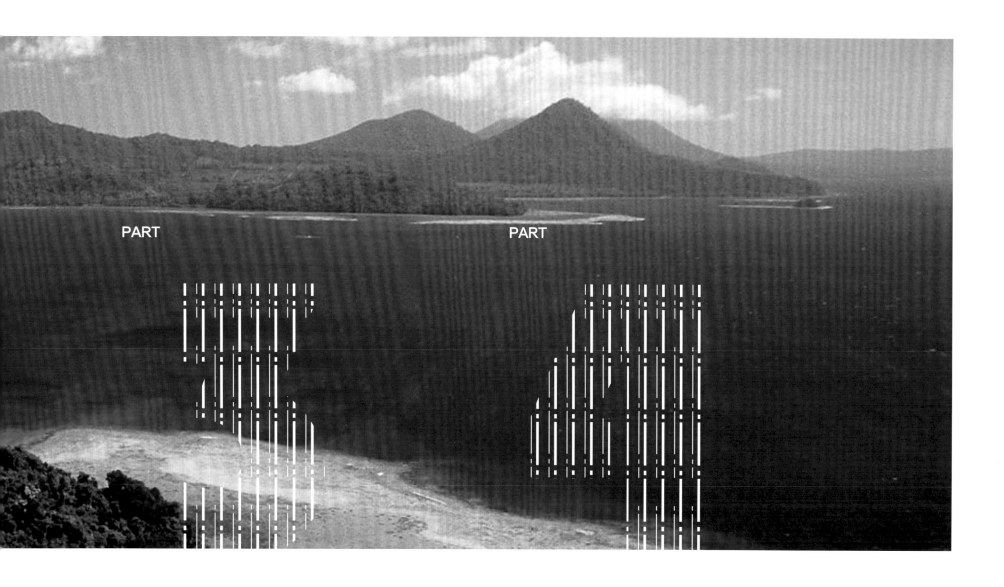

PART

PART

HAINAN: A UNIQUE ISLAND DESTINATION

PART

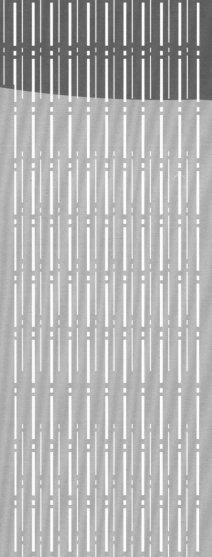

得天独厚　舒适宜人

平均气温 **24.5℃**
温度区间 **18.9~28.3℃**
最小相对湿度 **79%**

平均气温 **28.0℃**
温度区间 **25.4~32.7℃**
最小相对湿度 **77.8%**

北纬18°

02

平均气温 **28.8℃**
温度区间 **26.6~30.9℃**
最小相对湿度 **88.3%**

平均气温 **27.4℃**
温度区间 **25.0~30.1℃**
最小相对湿度 **88.3%**

南纬18°

平均气温 **24.4℃**
温度区间 **21.3~27.7℃**
最小相对湿度 **52.5%**

平均气温 **28℃**
温度区间 **24.8~31.1℃**
最小相对湿度 **72.9%**

海南岛

塞班岛

苏梅岛

普吉岛

马尔代夫

塞舌尔

巴厘岛

毛里求斯

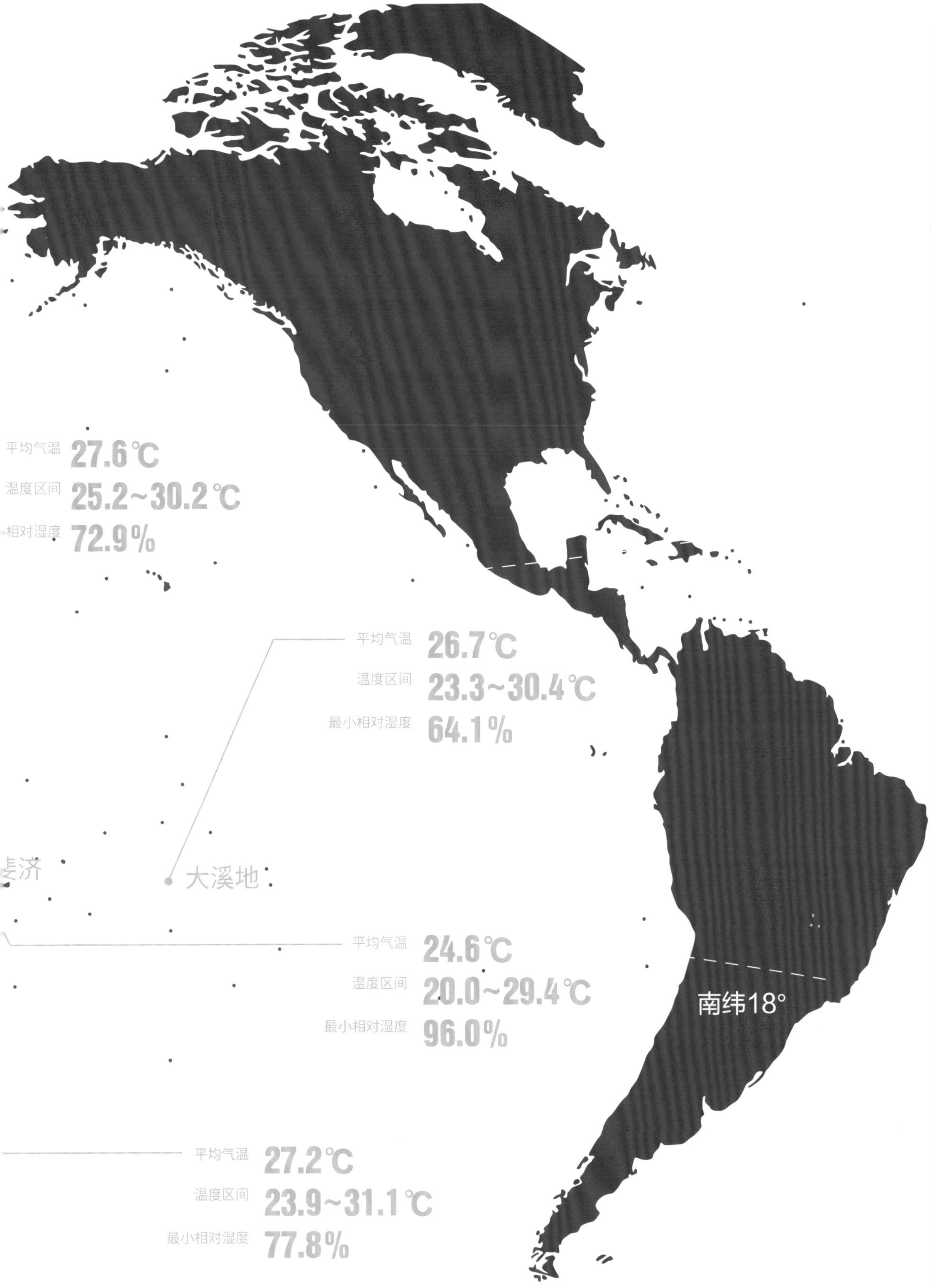

国际典范
海岛胜地

多年来，巴厘岛、马尔代夫、普吉岛、毛里求斯、大溪地这些著名的海岛旅游胜地以各自独特的风情享誉世界；近年来，随着旅游资源的不断开发，海南作为海岛旅游胜地中的新贵也逐渐为世人所熟知并认可。

海南在 11 月至翌年 4 月温度适中，气候相对干爽，空气质量极佳，旅游气候资源尤具优势。此外，海南还有其他诸岛无法超越的优势：旅游资源的丰富性与综合性。根据《旅游资源分类、调查与评价》的标准，海南拥有旅游资源的全部 8 个主类（地文景观类、水域风光类、生物景观类、天象与气候景观类、遗址遗迹类、建筑与设计类、旅游商品类、人文活动类），31 个亚类中的 30 个，155 个基本类型中的 135 个，丰富度之高，类型之全，实属罕见。

舒适宜人
得天独厚

03

平均气温 **27.6℃**
温度区间 **25.2~30.2℃**
相对湿度 **72.9%**

平均气温 **26.7℃**
温度区间 **23.3~30.4℃**
最小相对湿度 **64.1%**

斐济

大溪地

平均气温 **24.6℃**
温度区间 **20.0~29.4℃**
最小相对湿度 **96.0%**

南纬18°

平均气温 **27.2℃**
温度区间 **23.9~31.1℃**
最小相对湿度 **77.8%**

区位独特 国内唯一

海南地处我国最南端，属于热带季风气候区，四面环海，是我国唯一的热带岛屿。独特的区位优势，造就了海南有别于国内其他城市的鲜明气候特点，这里光温充沛，长夏无冬，热带雨林星罗棋布；加之海南海岸线长达 1823 千米，有着丰富的海岛景观、滨海休闲娱乐旅游资源，区位特点十分明显。

全国部分主要城市气候要素对比表

气象要素（常年值）地区	年平均气温（℃）	年平均最高气温（℃）	年平均最低气温（℃）	年极端最高气温（℃）	年极端最低气温（℃）	年日最高气温≥37.0℃平均日数（日）	年日最低气温≤2.0℃平均日数（日）	年平均相对湿度（%）	年最多降水量（mm）	年日降水量≥0.1mm日数（日）	年日降水量≥5.0mm日数（日）	年极大风速（m/s）
海口	24.8	28.5	22.2	39.6	7.4	4.3	0	82.0	2247.0	140.1	58.4	34.0
北京	13.2	18.5	8.3	41.9	-17.0	3.6	127.1	54.0	731.7	66.3	22.9	23.1
长春	6.1	11.4	1.4	36.7	-33.7	0	177.5	62.0	878.3	97.8	29.9	28.5
长沙	17.6	22.0	14.2	41.1	-11.7	9.1	35.8	81.0	1854.7	155.2	69.6	24.0
成都	16.4	20.6	13.3	37.3	-4.6	0	24.0	81.0	1108.2	137.2	35.7	23.1
重庆	18.4	22.1	15.8	43.0	-0.9	11.8	2.0	80.0	1508.0	151.1	53.5	24.3
福州	20.5	25.1	17.4	41.7	-1.7	10.6	0.9	73.0	1904.7	141.9	62.6	35.6
广州	22.8	27.2	19.6	39.1	0	2.8	0.2	73.0	2678.9	138.7	72.2	21.0
贵阳	14.6	19.2	11.6	34.3	-6.6	0	44.1	78.0	1441.2	168.9	48.6	31.0
哈尔滨	4.9	10.4	-0.6	39.2	-37.7	0.2	190.3	64.0	826.3	101.8	28.9	—
杭州	17.0	21.4	13.6	40.3	-8.4	8.5	41.9	76.0	1824.0	147.4	70.9	31.8
合肥	16.2	20.6	12.6	40.3	-13.5	2.6	64.3	75.0	1470.4	112.8	49.2	26.5
呼和浩特	7.3	13.7	1.5	38.9	-26.6	0.2	182.4	52.0	654.1	69.2	21.4	27.8
济南	14.7	19.8	10.5	42.0	-14.0	4.3	94.8	57.0	1090.0	76.0	30.9	28.1
昆明	15.5	21.2	11.1	31.3	-7.8	0	21.2	71.0	1449.9	125.1	50.3	25.0
拉萨	6.3	14.8	-0.5	28.5	-23.1	0	207.0	47.0	784.4	108.0	36.2	28.0
兰州	7.0	14.2	1.1	36.4	-25.8	0	182.1	63.0	555.5	89.6	21.8	29.8
南昌	18.0	21.9	15.1	40.1	-9.7	5.7	26.7	76.0	2344.2	144.1	69.2	28.4
南京	15.9	20.6	12.1	40.0	-13.1	2.5	70.8	75.0	1825.8	113.5	49.5	30.4
南宁	21.8	26.5	18.7	39.0	-1.9	1.7	1.2	79.0	1987.5	139.8	52.4	34.4
上海	16.9	20.9	13.9	40.0	-8.0	4.2	40.9	74.0	1793.7	127.9	58.2	28.9
沈阳	8.5	14.2	3.4	36.1	-32.9	0	165.6	63.0	1036.6	86.6	32.9	26.0
石家庄	13.2	19.2	8.0	41.9	-23.4	4.7	128.3	64.0	833.6	65.4	22.4	21.1
太原	10.4	17.3	4.5	39.4	-23.3	0.4	157.6	58.0	652.0	68.6	22.7	34.7
天津	12.9	18.4	8.5	40.5	-18.1	1.8	126.0	61.0	716.0	61.0	23.0	22.4
乌鲁木齐	7.3	12.8	2.8	42.1	-41.5	1.1	165.8	57.5	419.5	87.0	18.6	27.0
武汉	17.1	21.5	13.8	39.6	-12.8	4.5	47.4	75.0	1894.9	121.4	53.8	23.5
西安	10.8	16.8	6.3	37.7	-21.8	0.1	135.4	65.0	889.4	92.8	32.3	25.2
西宁	6.1	14.2	0.2	36.5	-23.8	0	188.9	56.0	537.9	100.3	26.1	21.0
银川	9.5	16.2	3.7	38.7	-26.1	0.1	163.6	55.0	303.6	44.6	10.7	28.8
郑州	14.7	20.3	9.9	41.9	-17.9	3.9	102.9	65.0	990.6	79.3	29.6	27.7

与国内其他主要城市相比，如在内陆城市感觉为稍冷至很冷的状况下，海南却温暖舒适，具有无与伦比的热带旅游气候优势。即使在海口表现为闷热的 4－10 月，海南中部山区和三亚等海滨城市，同样有很高的舒适度，特别是五指山、白沙等地，甚至成为热带岛屿中的纳凉之地，舒适宜人，适合夏季避暑休闲。

全国部分主要城市气候舒适度月分布

地区＼月份	1月	2月	3月	4月	5月	6月	7月	8月	9月	10月	11月	12月
海口	舒适	舒适	暖	闷热	闷热	闷热	闷热	闷热	闷热	闷热	暖	舒适
北京	冷	冷	稍冷	稍冷	舒适	暖	闷热	暖	舒适	稍冷	稍冷	冷
长春	很冷	冷	冷	稍冷	稍冷	舒适	暖	暖	稍冷	稍冷	冷	很冷
长沙	稍冷	稍冷	稍冷	舒适	暖	闷热	闷热	闷热	暖	舒适	稍冷	稍冷
成都	稍冷	稍冷	稍冷	凉	舒适	暖	闷热	闷热	暖	舒适	稍冷	稍冷
重庆	稍冷	稍冷	稍冷	舒适	暖	闷热	闷热	闷热	暖	舒适	稍冷	稍冷
福州	稍冷	稍冷	稍冷	舒适	暖	闷热	闷热	闷热	闷热	舒适	舒适	稍冷
广州	稍冷	凉	舒适	暖	闷热	闷热	闷热	闷热	闷热	暖	舒适	凉
贵阳	稍冷	稍冷	稍冷	凉	舒适	舒适	暖	暖	舒适	凉	稍冷	稍冷
哈尔滨	很冷	很冷	冷	稍冷	稍冷	舒适	暖	舒适	稍冷	稍冷	冷	很冷
杭州	稍冷	稍冷	稍冷	凉	舒适	暖	闷热	闷热	暖	舒适	稍冷	稍冷
合肥	稍冷	稍冷	稍冷	凉	舒适	暖	闷热	闷热	暖	舒适	稍冷	稍冷
呼和浩特	很冷	冷	冷	稍冷	凉	舒适	舒适	舒适	稍冷	稍冷	冷	冷
济南	冷	稍冷	稍冷	凉	舒适	暖	闷热	闷热	舒适	凉	稍冷	稍冷
昆明	稍冷	稍冷	稍冷	凉	舒适	舒适	舒适	舒适	舒适	凉	稍冷	稍冷
拉萨	冷	稍冷	稍冷	稍冷	稍冷	凉	凉	稍冷	稍冷	稍冷	稍冷	冷
兰州	冷	冷	稍冷	稍冷	凉	舒适	舒适	舒适	凉	稍冷	稍冷	冷
南昌	稍冷	稍冷	稍冷	舒适	暖	闷热	闷热	闷热	暖	舒适	稍冷	稍冷
南京	稍冷	稍冷	稍冷	凉	舒适	暖	闷热	闷热	暖	凉	稍冷	稍冷
南宁	稍冷	凉	舒适	暖	闷热	闷热	闷热	闷热	闷热	暖	舒适	稍冷
上海	稍冷	稍冷	稍冷	凉	舒适	暖	闷热	闷热	暖	舒适	稍冷	稍冷
沈阳	很冷	冷	冷	稍冷	凉	舒适	暖	暖	舒适	稍冷	冷	冷
石家庄	冷	稍冷	稍冷	稍冷	舒适	暖	闷热	暖	舒适	稍冷	稍冷	冷
太原	冷	冷	稍冷	稍冷	凉	舒适	暖	舒适	凉	稍冷	稍冷	冷
天津	冷	冷	稍冷	稍冷	舒适	暖	闷热	闷热	舒适	稍冷	稍冷	冷
乌鲁木齐	很冷	冷	冷	稍冷	凉	舒适	舒适	舒适	凉	稍冷	冷	冷
武汉	稍冷	稍冷	稍冷	舒适	暖	闷热	闷热	闷热	暖	舒适	稍冷	稍冷
西安	冷	稍冷	稍冷	凉	舒适	暖	暖	暖	舒适	稍冷	稍冷	稍冷
西宁	冷	冷	稍冷	稍冷	稍冷	稍冷	凉	凉	稍冷	稍冷	冷	冷
银川	冷	冷	稍冷	稍冷	凉	舒适	暖	舒适	凉	稍冷	冷	冷
郑州	冷	稍冷	稍冷	稍冷	舒适	暖	闷热	闷热	舒适	凉	稍冷	稍冷

四季宜人 别具一格

旅游舒适度是用客观定量的方法对一个旅游目的地进行评价的指标体系，是影响旅游地开发的重要因素，对游客旅游目的地的选择、旅游时间的长短等有着重要的影响。采用国际适用的评价法，综合月平均最高气温、月平均最小相对湿度、月平均最低气温、月平均最大相对湿度等气象要素来对海南全境旅游舒适度进行评价发现：

海南不仅是传统意义上的冬季避寒旅游目的地，也是炎热夏季避暑旅游的好去处。因此，海南旅游四季皆宜，特色独具。

高旅游舒适度的地域分布

海南岛位于中国最南端，位置介于东经 108° 37'—111°03'，北纬 18°10'—20°10'之间，似一个呈东北至西南向的椭圆形大雪梨。全岛地形为一穹形山体，四周低平，中间高耸，以五指山、鹦哥岭为隆起核心，向外围逐级下降，中部超过 1500 米的山峰有五指山、鹦哥岭、猴岭、霸王岭、吊罗山等。从中部最高峰五指山（海拔 1867 米）向外围由山地、丘陵、台地、平原、海涂逐级递降，构成层状垂直分布和环状水平分布带，梯级结构明显，山地和丘陵是海南地貌的主要特征，占全岛面积的 38.7%。

根据常年气象监测数据，结合海南精细化地理信息，计算、统计出全岛的舒适度分布和舒适日数分布。由左图可以看出，海南大部分地区冬春舒适，而在中部山区，受地形、海拔影响，其舒适日数基本涵盖全年，是绝佳的避暑旅游、避寒养生胜地。

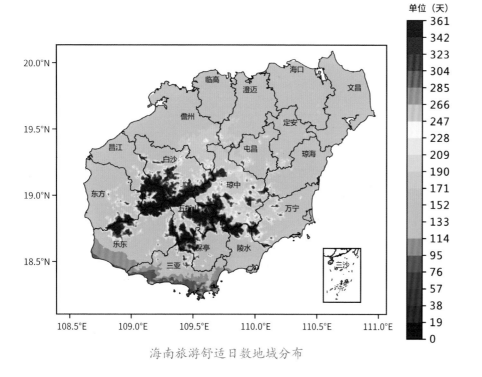

海南旅游舒适日数地域分布

高旅游舒适度的时间分布

海南没有"冷"的级别，只存在舒适、暖、闷热三种级别。每年 11 月至翌年 3 月海南全岛气候舒适度均表现为舒适，是最适宜旅游的时间。4－10 月中部山区和西部的市县，也适宜旅游。

海南四面环海，受海陆风和山谷风的调节，夏季云量大、降水多，风力适宜，即使在最热的三伏天，也几乎每天都迎来雨水降温，5－10 月为海南的台风影响期，所以海南的夏天热却没有"蒸"的感觉，不会出现内陆常见的"桑拿天"。特别是琼中、五指山、白沙、乐东等中部山区，即使在最热的 6－8 月，旅游舒适度仍为较适宜，可纳凉避暑。

海南各地旅游舒适度月分布

地区 \ 月份	1月	2月	3月	4月	5月	6月	7月	8月	9月	10月	11月	12月
万宁	0	0	1	2	3	3	3	3	2	2	1	0
三亚	1	1	1	2	3	3	3	3	2	2	1	1
东方	0	0	1	2	3	3	3	3	2	2	1	0
海口	0	0	1	2	2	3	3	3	2	2	1	0
定安	0	0	1	2	2	3	3	3	2	2	1	0
澄迈	0	0	1	2	2	3	3	3	2	2	0	0
临高	0	0	0	2	2	3	3	3	2	2	1	0
琼海	0	0	1	2	2	3	3	3	2	2	1	0
文昌	0	0	1	2	2	3	3	3	2	2	1	0
陵水	0	0	1	2	2	3	3	3	2	2	1	0
屯昌	0	0	1	2	2	3	3	2	2	1	1	0
昌江	0	0	1	2	2	3	3	2	2	2	1	0
保亭	0	0	1	2	2	3	2	2	2	2	1	0
乐东	0	0	1	2	2	2	2	2	2	2	1	0
儋州	0	0	1	2	2	2	2	2	2	1	0	0
白沙	0	0	1	2	2	2	2	2	2	1	0	0
琼中	0	0	0	1	2	2	2	2	2	1	0	0
五指山	0	0	1	1	2	2	2	2	2	1	0	0

适宜（0~1） 　　较适宜（2） 　　较不适宜（3）

国际经典 海岛首选

在国际主要的海岛旅游目的地中，特殊的地域和天气气候，让海南成为舒适度比较高、适合全域甚至全季旅游的首选目的地。

相较于其他著名的海岛旅游胜地，海南中部地区全年处在较适宜、适宜的水平，使海南岛成为越来越多国际游客首选、必选的经典旅游目的地。

国际旅游岛旅游舒适度月分布

地区 \ 月份		1月	2月	3月	4月	5月	6月	7月	8月	9月	10月	11月	12月
海南岛	海口	0	0	1	2	2	3	3	3	2	2	1	0
	五指山	0	0	1	1	2	2	2	2	2	1	0	0
	三亚	1	1	1	2	3	3	3	3	2	2	1	1
塞班岛		2	2	3	3	3	3	3	3	3	3	3	3
苏梅岛		3	3	3	3	3	3	3	3	3	3	3	3
普吉岛		3	3	4	4	3	3	3	3	3	3	3	3
马尔代夫		3	3	3	4	3	3	3	3	3	3	3	3
塞舌尔		3	3	3	3	3	2	2	3	3	3	3	3
巴厘岛		3	3	3	3	3	2	2	2	3	3	3	3
大溪地		3	3	3	3	2	2	2	3	3	3	3	3
斐济		3	3	2	2	2	1	1	1	2	2	2	2
毛里求斯		3	3	2	2	1	1	0	0	1	1	2	2

适宜 (0~1)　　较适宜 (2)　　较不适宜 (3)　　不适宜 (4)

PLEASANT SCENERY
TRAVEL PARADISE

PART

赏心悦目　旅游天堂